气象知识极简书 陈云峰 主编

王晓凡 刘 波 李陶陶 编著

图书在版编目（CIP）数据

暴雨洪涝 / 王晓凡，刘波，李陶陶编著. -- 北京：气象出版社，2019.1

（气象知识极简书 / 陈云峰主编）

ISBN 978-7-5029-5228-0

Ⅰ.①暴… Ⅱ.王… ②刘… ③李… Ⅲ.①暴雨洪水 - 普及读物 Ⅳ.①P331.1-49

中国版本图书馆CIP数据核字（2018）第202184号

Baoyu Honglao

暴雨洪涝

出版发行：气象出版社

地　　址：北京市海淀区中关村南大街46号　　邮政编码：100081

电　　话：010-68407112（总编室）　010-68408042（发行部）

网　　址：http://www.qxcbs.com　　E - mail：qxcbs@cma.gov.cn

责任编辑：殷　淼　侯娅南　　终　　审：张　斌

责任校对：王丽梅　　责任技编：赵相宁

封面设计：符　赋　　审 图 号：GS（2018）4730号

印　　刷：北京地大彩印有限公司

开　　本：710 mm × 1000 mm　1/16　　印　　张：2.5

字　　数：15千字

版　　次：2019年1月第1版　　印　　次：2019年1月第1次印刷

定　　价：10.00元

《气象知识极简书》丛书
编 委 会

前 言

变幻莫测的气象风云，每时每刻都影响着生活在地球上的生命，特别是很多常见的天气现象：高温热浪、暴雨（雪）、台风、寒潮、雷电、沙尘暴……它们的出现往往会给人类带来无穷的烦扰。在人类久远的历史长河中，它们是一股“神秘力量”，令古人见之生畏；而在科学如此发达的今天，虽然关于它们还有很多未知领域需要探究，但面对各类天气我们已经不再惧怕：它们的出现有迹可循，它们的类型有据可辨，它们并非一无是处，它们变得可以被防范、被利用。

《气象知识极简书》就是这样一套认识天气的入门级丛书，共 8 册。内容包括暴雨洪涝、台风、雷电、大风、沙尘暴、高温与干旱、暴雪、寒潮与霜冻共 10 种与我们生产、生活息息相关的天气类型。采取问答形式，设问有趣活泼，回答简短精干，配以生动的漫画解读读者感兴趣的基础性问题。针对每一种天气类型，不仅仅回答是什么、为什么、面对危险怎么办，还包括我们如何监测天气、如何利用天气等，在阐明气象知识的同时，尽量增加可读性、趣味性。

作为一套入门级气象科普丛书，它受众面较广，既适合作为中小学生的读物，也适合广大对气象科学抱有兴趣的成年读者。

以易懂的方式普及气象知识，以轻松的心态提升科学素养。开卷有益，气象万千！

编　者

目 录

雨是怎么形成的？暴雨洪涝又是什么？

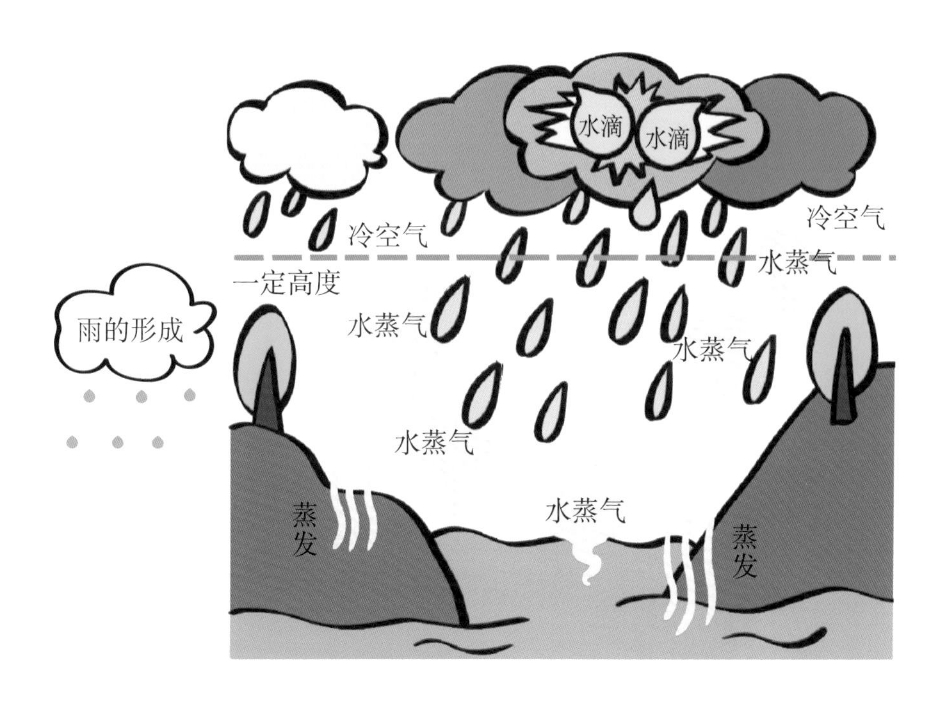

陆地和海洋表面的水经过蒸发，变成了水蒸气。水蒸气飘到一定高度，在寒冷的高空中凝结，变成小水滴或小冰晶。这些小家伙汇聚成了云，它们在云里相互碰撞，合成了大水滴，重到在空气中待不住了，就从云里落了下来，形成了雨。

气象部门统一规定：

暴雨发生和影响的范围

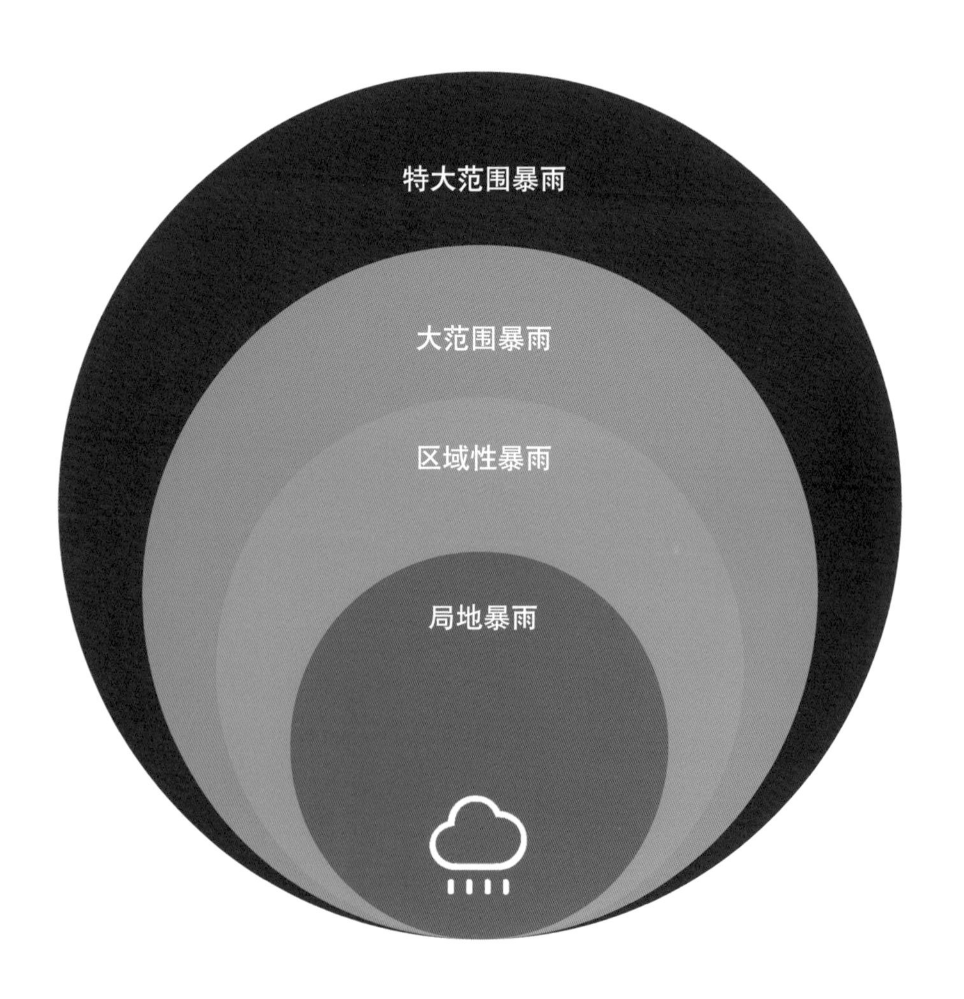

雨水是从云朵里飘落的精灵。适当的降雨可以灌溉农作物，补充地下水，净化空气。可是如果雨水过大，形成了洪涝灾害，就会严重影响我们的生活，带来很大的经济损失。

洪涝是指大雨、暴雨或持续降雨淹没低洼地区造成大面积积水的现象。

洪涝的分类

浸溢型

内涝型

蓄洪型

山地型

海岸型

城市型

溃决型

雨水的家在哪儿？

我国降雨的水汽来源

一部分来自偏南方的南海和孟加拉湾，一部分来自西太平洋。还有国内众多的江河、湖泊等，也是我国降雨的水汽来源地。

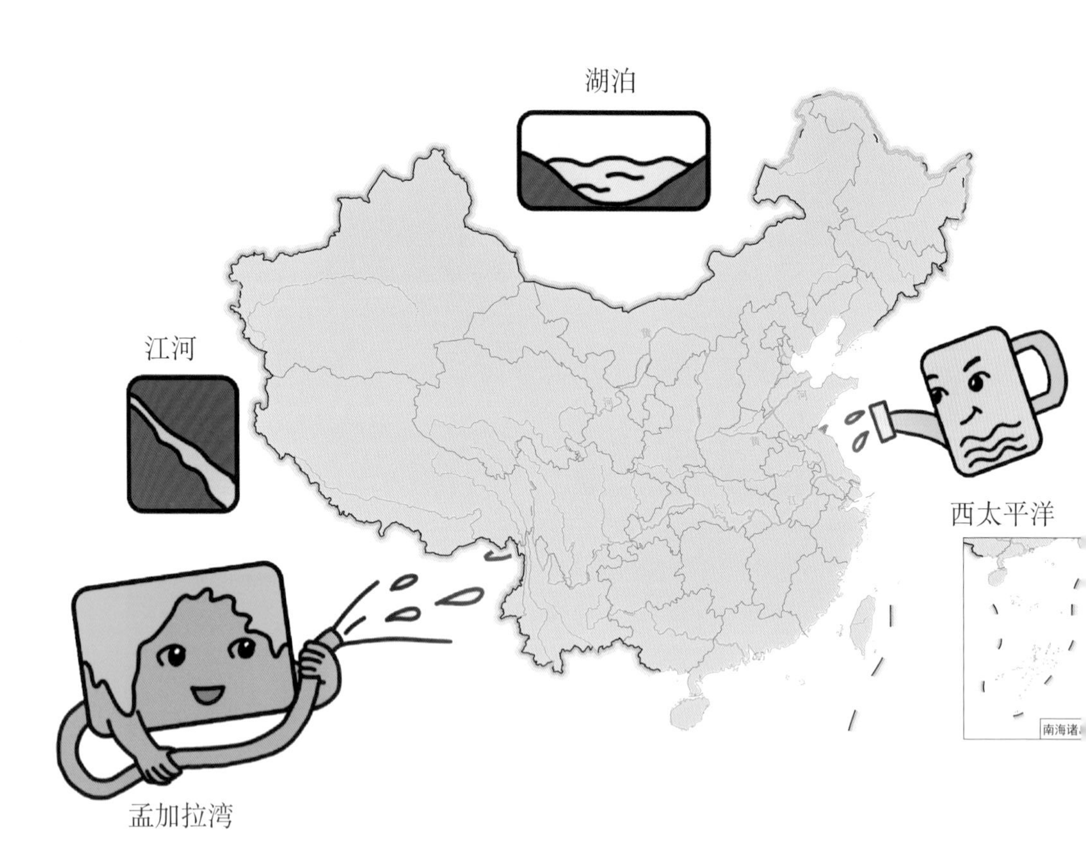

产生降雨的3种方式

太阳的力量：太阳的照射引起水汽上升成云致雨。

水汽在冷气团和暖气团形成的交界面（锋面）上升成云致雨。

在有高斜坡的地形处，风会沿着斜坡往上吹，这里就叫迎风坡。这种地形会把暖湿气流抬升，遇冷形成降雨，因此这种雨被称为地形雨。

怎样科学测量雨量的大小?

早在公元 1247 年，南宋数学家秦九韶就已经把如何测量雨量写进了《数书九章》中。通过这本书我们了解到，聪明的先辈已经在用天池盆、圆罂这类生活用具来测量雨量的大小了。

天池盆是一种预防火灾、积蓄雨水的容器。圆罂则是一种小口大腹的盛酒水的器皿。

当时所用的这些工具以及计算方式有一定的科学性，也符合现代的雨量概念，是世界上最早的雨量观测科学方法及理论。而直到公元 1639 年，意大利数学家卡斯泰利才创制了欧洲第一个雨量器，比秦九韶晚了近 400 年。

秦九韶《数书九章》

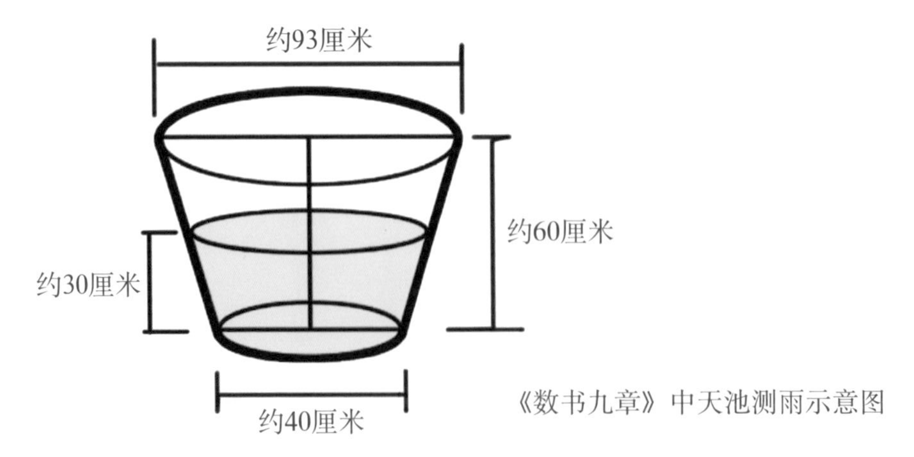

《数书九章》中天池测雨示意图

现代气象观测中的雨量器一般为直径 20 厘米的圆筒。为保持筒口的形状和面积，筒质必须坚硬。为防止雨水乱溅，筒口呈内直外斜的刀刃形。筒内置有储水瓶。

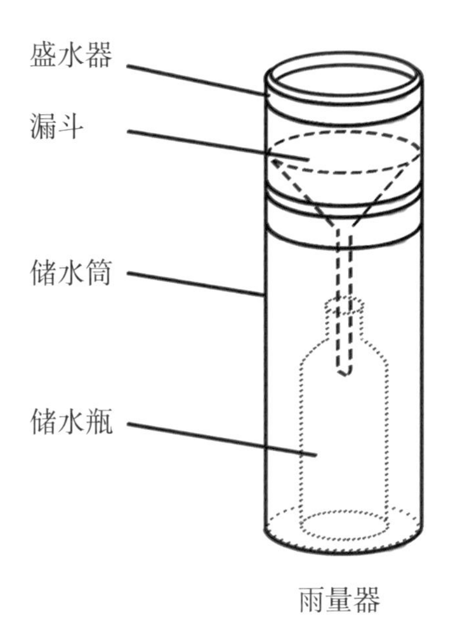

雨量器

1毫米的降水到底有多少?

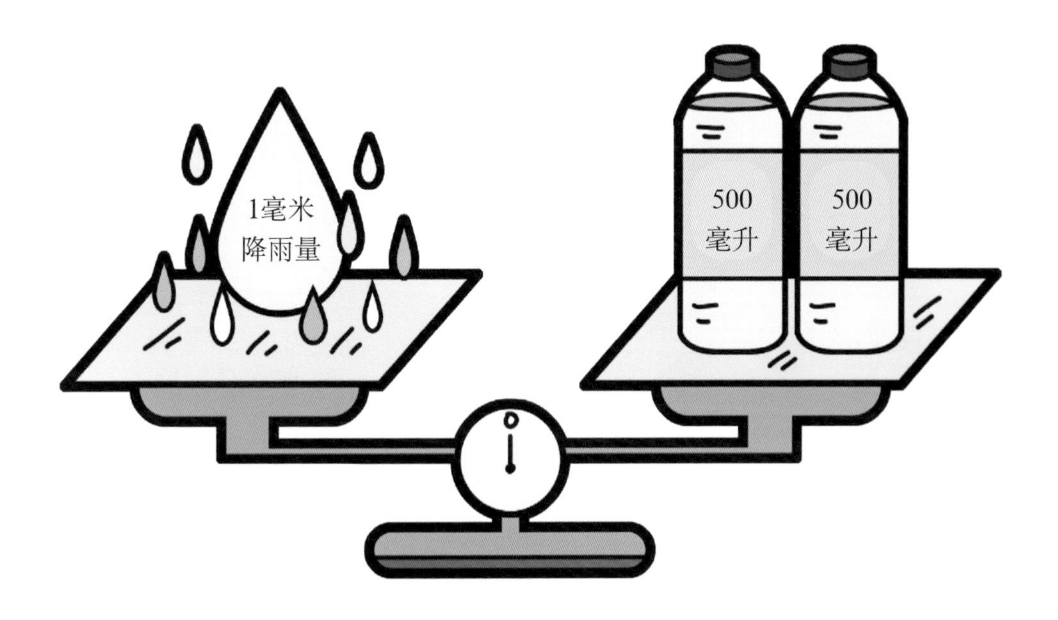

1 毫米的降水量，准确地说是在没有蒸发、流失、渗透的平面上，积累了 1 毫米深的水。举个例子：在面积为 1 平方米的玻璃上，1 毫米的降雨量相当于在上面倒了 1 升水，也就是有两瓶日常喝的 500 毫升纯净水那么多。还真是不少呀！

我国哪里暴雨最多？

我国年暴雨日数的分布从东南向西北减少。淮河流域及其以南大部分地区，以及四川东部、重庆等地普遍在 3 天以上，其中，华南大部、江西等地为 5 ～ 10 天。黄河中下游、海河流域、辽河流域等地一般为 1 ～ 3 天。中国西部地区偶有暴雨发生。

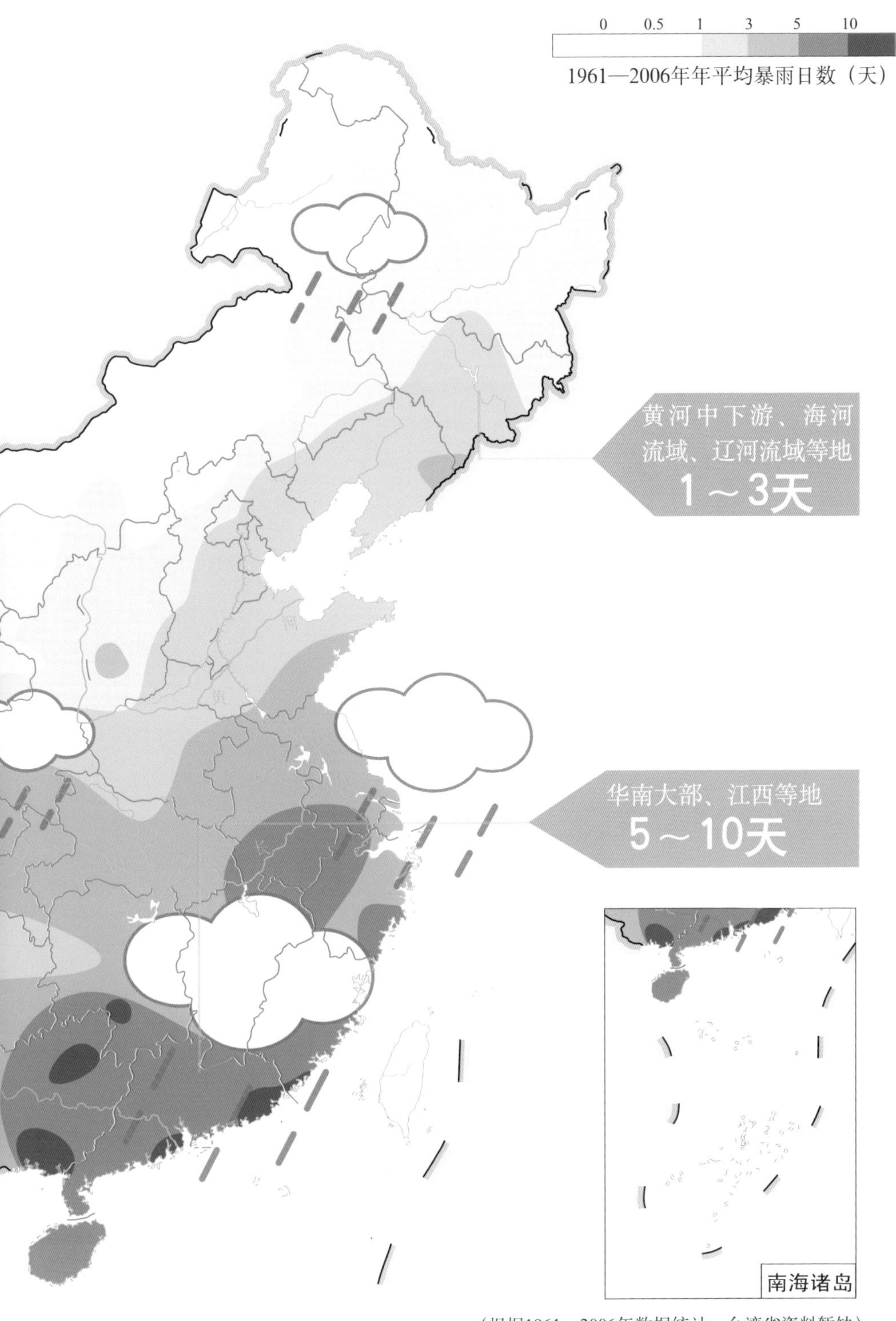

（根据1961—2006年数据统计，台湾省资料暂缺）

我国雨带是怎样移动的？

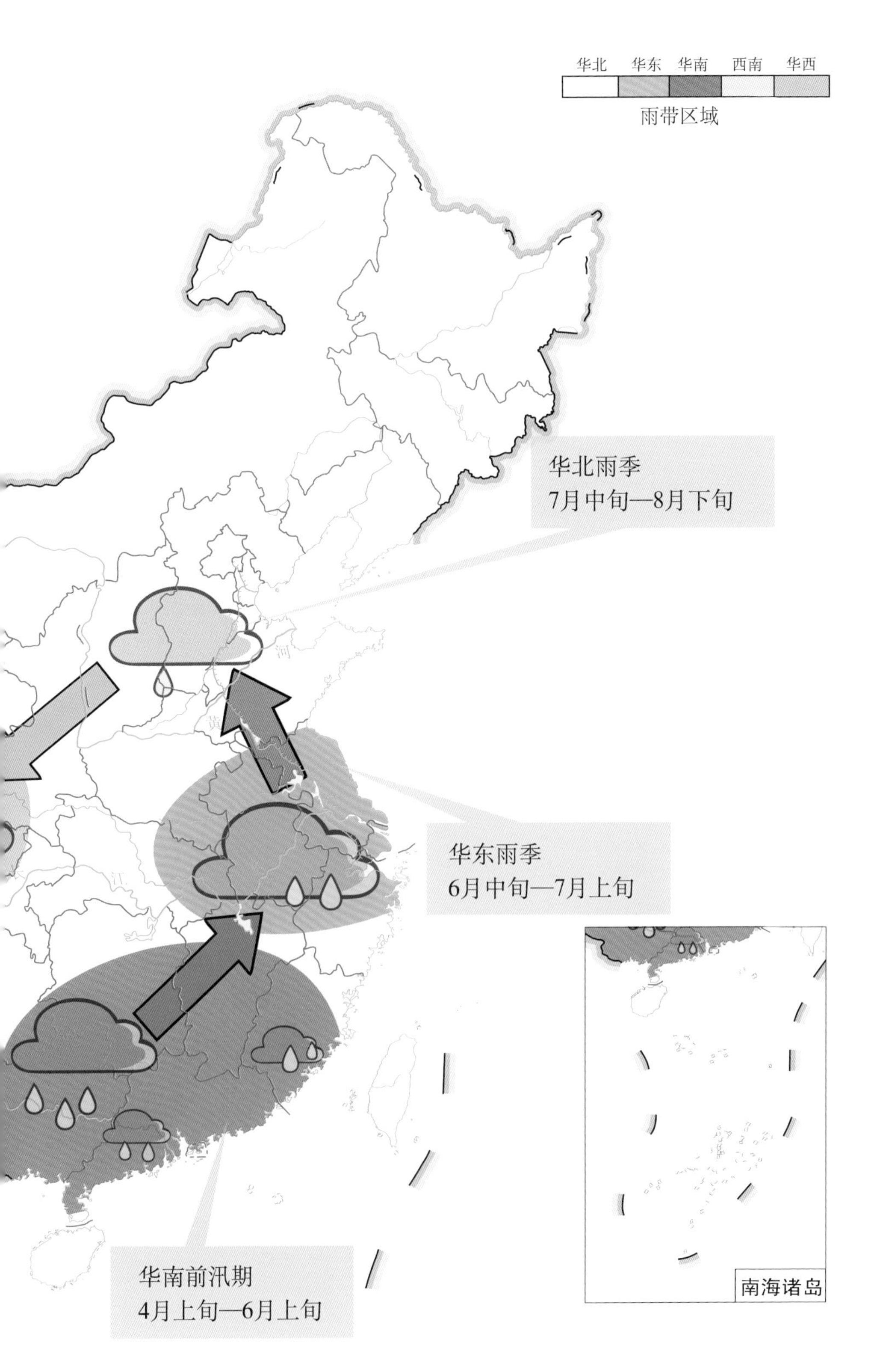
华北
华东
华南
西南
华西
雨带区域
华北雨季
7月中旬—8月下旬
华东雨季
6月中旬—7月上旬
华南前汛期
4月上旬—6月上旬
南海诸岛

我国七大江河主汛期都是什么时候？

七大江河汛期及主汛期

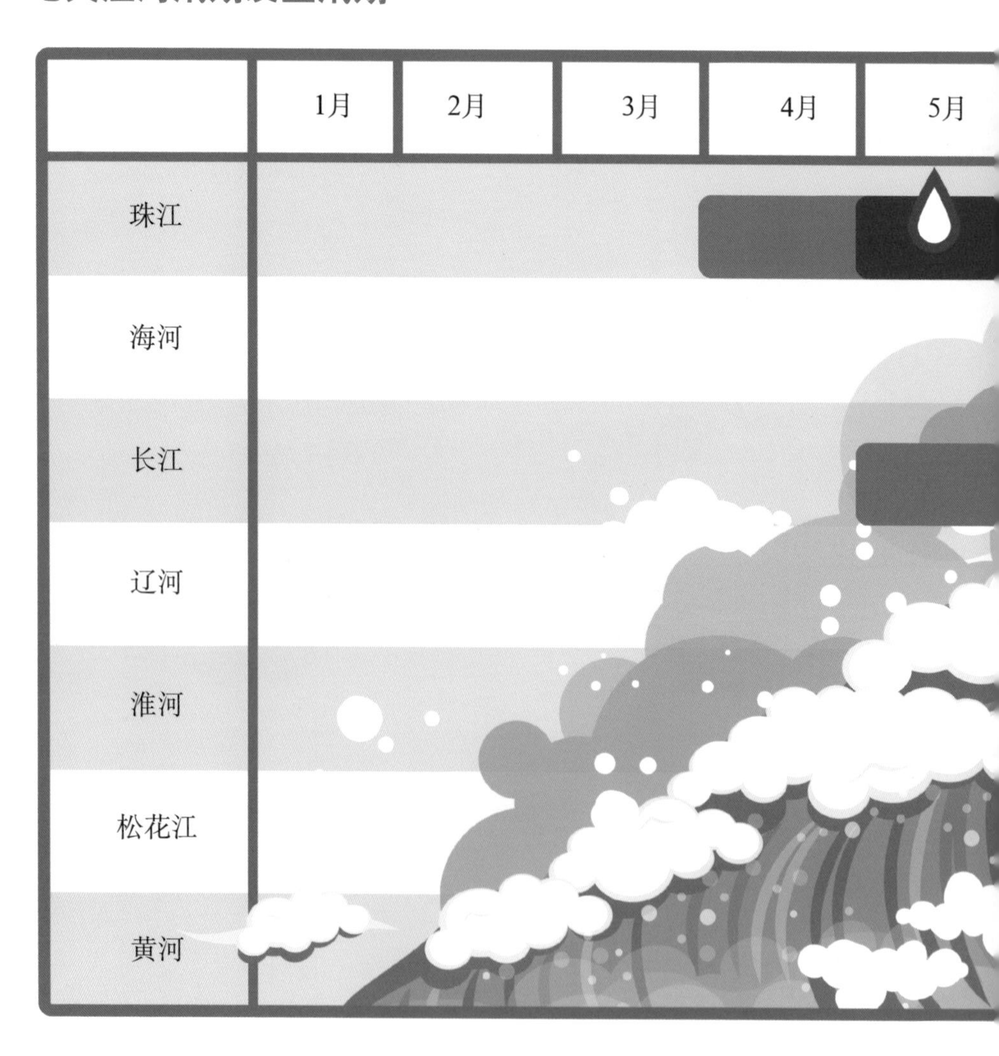

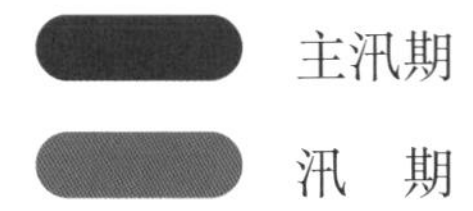
主汛期
汛　期

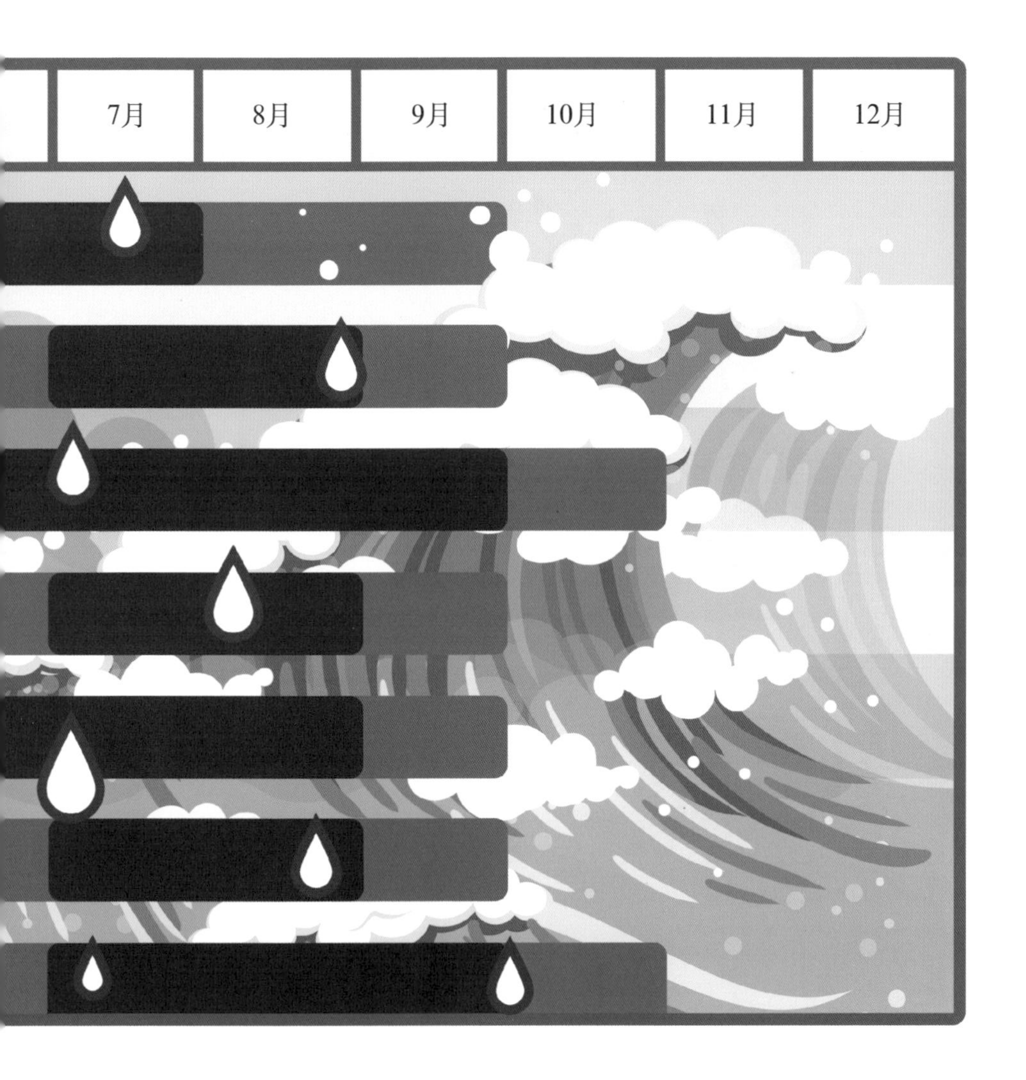
7月
8月
9月
10月
11月
12月

暴雨对我们会有哪些主要影响和危害？

对农业：渍涝灾害

暴雨来势汹汹，因为降水量大而急，土壤孔隙瞬间被水充满，积水成涝，造成陆地植物的根系缺氧。氧气的缺少会造成作物受害因而减产。

不仅如此，强烈的降雨还会破坏农舍和工农业基础设施，造成人畜伤亡和经济损失。

对水文：洪水灾害

暴雨不仅会造成江河泛滥，还会引发山洪、山体滑坡、泥石流等地质灾害。洪水滔滔，会给农业、林业和渔业带来严重的危害。

对城市：城市内涝

暴雨出现的时候，因为降水量过大，超过了城市排水能力，有些城市就会出现“看海”的情况：水在路面肆意流动，在地势低的地方形成积水，造成城市内涝，对交通运输、工业生产、商业活动、市民日常生活等影响极大。

达到什么标准会发布暴雨预警？

暴雨黄色预警信号

6小时内降雨量将达50毫米以上，或者已达50毫米以上且降雨可能持续。

暴雨蓝色预警信号

12小时内降雨量将达50毫米以上，或者已达50毫米以上且降雨可能持续。

暴雨红色预警信号

3小时内降雨量将达100毫米以上，或者已达100毫米以上且降雨可能持续。

暴雨橙色预警信号

3小时内降雨量将达50毫米以上，或者已达50毫米以上且降雨可能持续。

遇到暴雨洪涝该怎么办？

暴雨来临前的准备

不能待在危旧房屋或地势低洼地区，要及时转移到安全地带。

学校会根据暴雨预警视情况停课。

如果在露天进行游玩、排练等集体活动，必须取消，并根据工作人员的安排有序疏散。

检查电路、炉火等设施，最好关闭电源总开关。

露天晾晒的物品要提前收取，把家中的贵重物品放置高处。

遇到户外作业人员可以提醒他们暂停工作，立即到地势高的地方或山洞暂避。

暴雨来临应急要点

处于危旧房屋或低洼地势住宅的群众要及时转移到安全地方，提防危旧房屋倒塌伤人。

居民住户可以因地制宜，在家门口放置挡水板，堆置沙袋或堆砌土坎。

关闭室外的煤气阀和电源开关。当积水浸入室内时，要立即切断室内的电源，防止积水带电伤人。

身处室外时，立即停止所有户外作业和活动。在户外积水中行走时，要注意观察，贴近建筑物行走，防止跌入窨井、地坑等。

发生了洪水，如何自救呢?

面对凶猛的洪水，来不及转移时，要立即爬上屋顶、楼房高层、大树、高墙等高处，暂时避险，耐心等待救援。就算会游泳，也不要试着自己游水转移。

发现高压线铁塔倾倒、电线低垂或断折等，一定要远离，绝对不能触摸或接近。水是导电的，如果碰触会有生命危险。

洪水过后，要预防流行疾病，注意卫生，避免传染病的发生。

农业防洪涝措施

洪涝发生前，如作物接近成熟，应组织力量抢收，以免造成损失。

实行深沟、高畦耕作，可迅速排除畦面积水，降低地下水位，在雨涝发生时，使雨水及时排出。

旱地怕涝作物要采取联片种植，做到排灌分家，避免水田和旱田用水相互矛盾。

洪涝灾害过后，必须迅速疏通沟渠，尽快排涝去滞。还要及时松土、培土、施肥、喷药防虫治病，加强田间管理。

暴雨也是“好孩子”？

7月中旬到8月中旬，我国的南方有时会发生旱灾，称为“伏旱”。这时候一场暴雨正是缓解旱情的灵丹妙药。

在我国北方的许多地方，也许一两场暴雨就能决定全年的降水量，如果没有暴雨，“干旱”一定会出来捣乱。

一些被污染河流的水质会因为暴雨的冲刷得到暂时性的改善。

丰沛的雨水不是任何地方都有的，对于一些用水紧张的地区来说，暴雨就是天降的甘露，给水库装满水，让花儿笑开颜。

气象部门是怎样监测和预报暴雨的？

暴雨监测

气象部门拥有巨大的观测网，从地到天，从天到地，日夜不断捕捉暴雨的踪迹。地面自动观测站就像蜂窝一样分布密集，10 分钟一次传递出各地的降水实况；气象雷达是尽职的哨兵，用黄、红、绿色泽鲜艳的回波图来警示暴雨强度和降落区域；还有“天眼”卫星兢兢业业不断分析云体内部的秘密，及时告诉我们云内的温度、湿度等信息……这些信息会汇总到短时监测的预报员们手中，他们 24 小时监控着各种资料，关注暴雨的发生发展，并在第一时间发布消息。

暴雨预报

人类未知的领域还有很多，天气瞬息万变，就算在科技发达的今天，暴雨的发生发展也仍然存在着许多未解的秘密，想要百分之百精准预报不是一件容易事。但是气象部门的工作人员绝对会尽自己最大的努力，在“气象大数据”中抽丝剥茧，不断进步、不断完善。未来，暴雨一定尽在掌握！